essentials

Essentials liefern aktuelles Wissen in konzentrierter Form. Die Essenz dessen, worauf es als „State-of-the-Art" in der gegenwärtigen Fachdiskussion oder in der Praxis ankommt. Essentials informieren schnell, unkompliziert und verständlich

- als Einführung in ein aktuelles Thema aus Ihrem Fachgebiet
- als Einstieg in ein für Sie noch unbekanntes Themenfeld
- als Einblick, um zum Thema mitreden zu können.

Die Bücher in elektronischer und gedruckter Form bringen das Expertenwissen von Springer-Fachautoren kompakt zur Darstellung. Sie sind besonders für die Nutzung als eBook auf Tablet-PCs, eBook-Readern und Smartphones geeignet.

Essentials: Wissensbausteine aus Wirtschaft und Gesellschaft, Medizin, Psychologie und Gesundheitsberufen, Technik und Naturwissenschaften. Von renommierten Autoren der Verlagsmarken Springer Gabler, Springer VS, Springer Medizin, Springer Spektrum, Springer Vieweg und Springer Psychologie.

Matthias D. Schulz

Der Produktentstehungsprozess in der Automobilindustrie

Eine Betrachtung aus Sicht der Logistik

Dr. Matthias D. Schulz
Braunschweig
Deutschland

ISSN 2197-6708
ISBN 978-3-658-06463-1
DOI 10.1007/978-3-658-06464-8

ISSN 2197-6716 (electronic)
ISBN 978-3-658-06464-8 (eBook)

Die Deutsche Nationalbibliothek verzeichnet diese Publikation in der Deutschen Nationalbibliografie; detaillierte bibliografische Daten sind im Internet über http://dnb.d-nb.de abrufbar.

Springer Gabler

Gedruckt auf säurefreiem und chlorfrei gebleichtem Papier

Springer Gabler ist eine Marke von Springer DE. Springer DE ist Teil der Fachverlagsgruppe Springer Science+Business Media
www.springer-gabler.de

Was Sie in diesem Essential finden können

- Einführung in die Logistikintegrierte Produktentwicklung
- Übersicht über den Produktentstehungsprozess in der Automobilindustrie
- Zukunftsbetrachtung der Automobilindustrie aus Sicht der Logistik

Vorwort

Dieses Essential beruht auf der Dissertationsschrift „Logistikintegrierte Produktentwicklung – Eine zukunftsorientierte Analyse am Beispiel der Automobilindustrie" von Dr. Matthias D. Schulz, die von 2009 bis 2013 am Lehrstuhl für Allgemeine Betriebswirtschaftslehre und Logistik der Philipps-Universität Marburg angefertigt und 2014 im Verlag Springer Gabler veröffentlicht wurde.

Für detaillierte Ausführungen der enthaltenen Gedanken und ausführlichere Literaturbelege wird auf das Hauptwerk verwiesen. Allen Lesern wird viel Freude bei der Lektüre gewünscht.

Inhaltsverzeichnis

Bedeutung des Produktentstehungsprozesses für die Logistik

1

In einem sich stetig verschärfenden globalen Wettbewerb sehen sich Unternehmen branchenübergreifend steigenden Anforderungen an ihre Leistungssysteme gegenübergestellt. Dies gilt auch und in besonderem Maße für die Logistik bzw. das Supply Chain Management, einen Funktionsbereich, der gerade bei der in Wirtschaftszweigen mit wissensintensiver Produkterstellung üblichen hohen Arbeitsteilung die Wettbewerbsfähigkeit der einzelnen Lieferketten maßgeblich beeinflusst. Gegenüber einer reaktiven Optimierung mit klassischen Methoden wird insbesondere der Einflussnahme auf die Produktentwicklung große Bedeutung beigemessen, da die Festlegungen in dieser frühen Phase des Leistungserstellungsprozesses die ausführenden Systeme entscheidend beeinflussen (vgl. Ehrlenspiel et al. 2007, S. 13). Für die Logistik sind bspw. die Produkteigenschaften wie Größe, Gewicht, Form, Empfindlichkeit gegenüber äußeren Einflüssen (bspw. Stöße, Verkratzen...), Wert, Gefahrenpotential und einige andere zu nennen, die bei der Auslegung von Anlagen, Behältern, Prozessen usw. maßgeblich sind.

Ausgehend von den Erfolgen vieler Unternehmen mit der sog. montage- oder fertigungsgerechten Konstruktion wurden bereits in den 1990er Jahren Methoden vorgestellt, um die o. g. Parameter während der Produktentwicklung zu beeinflussen. Doch selbst in Vorreiterbranchen wie der Automobilindustrie existieren erst seit der Jahrtausendwende entsprechende Vorgänge im Produktentstehungsprozess der Hersteller (vgl. Göpfert und Schulz 2010, S. 48), die in den folgenden Kapiteln beschrieben werden sollen. Wie sich zeigen wird, kann gegenwärtigen logistischen Herausforderungen damit bereits sehr gut Rechnung getragen werden; die Aufgabenschwerpunkte des Funktionsbereichs ändern sich jedoch ständig. Am Beispiel der Automobilindustrie beeinflussen die produktbezogenen Entscheidungen die Logistik z. T. über 20 Jahre lang; Gleichteilkonzepte (bspw. Plattformen,

M. D. Schulz, *Der Produktentstehungsprozess in der Automobilindustrie*, essentials,
DOI 10.1007/978-3-658-06464-8_1,

Baukästen) verlängern diesen Zeitraum zusätzlich. Daher stellt sich die Frage nach der Zukunftsfähigkeit der implementierten Prozesse. In dieser Arbeit sollen zum Zwecke ihrer proaktiven Gestaltung Szenarien für den ausreichend visionären, aber zugleich überschaubaren Zeitraum bis 2025 gebildet und Handlungsempfehlungen abgeleitet werden.

Die Rolle der Logistik im Produktentstehungsprozess in der Automobilindustrie 2

Im Folgenden soll der Status quo bei der Integration der Logistik in den Produktentstehungsprozess deutscher Fahrzeughersteller beschrieben werden. Bekannte Ergebnisse bisheriger Untersuchungen aus der Literatur sollen dabei um einen empirischen Teil ergänzt werden, welcher sich dabei auf eine Reihe von Interviews stützt, die zwischen April 2010 und Juli 2012 vom Verfasser mit insgesamt 25 Vertretern der Automobilindustrie geführt wurden. Den Schwerpunkt bildeten dabei Vertreter der Original Equipment Manufacturers (OEM) Audi, BMW, Daimler, Opel und Volkswagen; zur Vervollständigung der Wertschöpfungskette wurden jedoch auch einzelne Zulieferer sowie ein Entwicklungsdienstleister befragt. Das Sample enthielt Führungskräfte und Sachbearbeiter zahlreicher Teilbereiche der Logistik und wurde um Mitglieder angrenzender Abteilungen wie Produktion, Einkauf oder Entwicklung ergänzt. Die Interviews waren nichtstandardisiert und entweder offen oder teilstrukturiert; sofern nicht wichtige Gründe – wie der Wunsch eines Gesprächspartners – dagegen sprachen, wurden sie persönlich beim Teilnehmer durchgeführt, mit einem Diktiergerät aufgezeichnet und anschließend von Hand transkribiert.

2.1 Der Produktentstehungsprozess in der Automobilindustrie

Die Produktentwicklung ist in der Branche generell immer etwas unterschiedlich, im Wesentlichen aber ähnlich strukturiert. Am Beispiel des Volkswagen-Konzerns wird der Projektleiter (hier auch als Produktmanager bezeichnet) durch ein sog.

M. D. Schulz, *Der Produktentstehungsprozess in der Automobilindustrie*, essentials,
DOI 10.1007/978-3-658-06464-8_2, © Springer Fachmedien Wiesbaden 2014

Projektteam unterstützt, das ihn bei den klassischen Management-Aufgaben wie Planung, Steuerung und Kontrolle unterstützt. Für die Hauptfelder der Entwicklung – in diesem Beispiel Aggregate, Fahrwerk, Karosserie, Ausstattung, Elektronik und gesamtfahrzeugbetreffende Aspekte – werden sog. Fachgruppen gebildet, die die hauptsächlichen Ziele für die Entwickler bis auf die Teileebene herunterbrechen. Die eigentliche Ausarbeitung der Arbeitspakete erfolgt in sog. Simultaneous-Engineering-Teams (SETs), die dann bspw. alle bauteilspezifischen Vorgänge verantworten, bspw. Detailkonstruktion, Kundenservice-Konzept, Lieferantenverlegung etc. (vgl. Hackenberg 2007, S. 792). All diese Teams sind mit Vertretern aller Funktionsbereiche, d. h. Fertigungsplanung, Vorseriencenter, Logistikplanung, technische Entwicklung etc., je nach Sitzungsagenda können aber auch weitere Mitglieder eingeladen werden, bspw. Personalwesen, Unternehmensstrategie und auch externe Lieferanten und Dienstleister.

Rücksicht genommen werden muss dabei auch immer auf Partner des OEM, die die Fahrzeuge oder Fahrzeugteile umbauen und weiterverwenden, etwa Tuner oder Aufbautenhersteller. Am Beispiel von BMW bezieht bspw. Alpina Fahrzeuge des Herstellers und baut sie um oder lässt sie bereits ab Werk entsprechend fertigen; Carbon-Motors in Amerika war eine Neugründung, die spezielle Polizeifahrzeuge aus BMW-Komponenten herstellen wollte, und Yanmar, ein großer japanischer Baumaschinenhersteller, fertigt Bootsmotoren aus BMW-Aggregaten. Das bedeutet wiederum, dass BMW in einigen Regionen Ersatzteile für derartige Fahrzeuge bereitstellen muss, was bereits während der Produktentwicklung beachtet werden muss.

Nachdem der Top-Management-Kreis eine Fahrzeugentwicklung in Auftrag gegeben hat, um das Erreichen der damit verbundenen strategischen Ziele zu ermöglichen, wird von diesen Arbeitsgruppen ein Standardprozess durchlaufen, der aus den Phasen Zieldefinition, Konzeptentwicklung, Serienentwicklung und Serienanlauf besteht (siehe Abb. 2.1), (vgl. Göpfert und Schulz 2010, S. 42–45, 2012b, S. 243–250). In diesem entsteht schrittweise ausgehend von groben Handskizzen ein fertiges Fahrzeug.

Parallel werden auch alle damit verbundenen Prozesse ausgestaltet, was ein zusätzlicher Grund für die Notwendigkeit einer Interdisziplinarität der Teams ist und zudem der Ursprung des Begriffs Produktentstehungs- statt Produktentwicklungsprozess.

Zu Projektstart wird ein Referenzfahrzeug bestimmt und wesentliche Abweichungen, die das neue Produkt von diesem haben soll, bekannt gegeben, dazu alle wichtigen Informationen rund um das Projekt wie der Terminplan (vgl. Göpfert und Schulz 2011, S. 7). Im Folgenden wird das zu entwickelnde Fahrzeuge in verschiedenen technischen Dokumenten mit steigendem Konkretisierungs- und

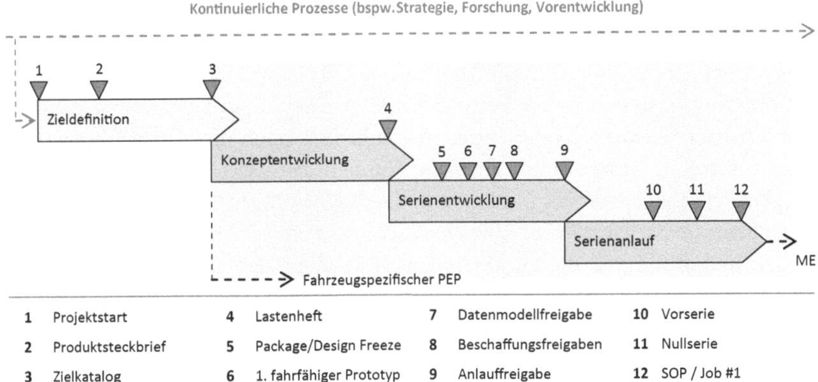

Abb. 2.1 Referenzmodell für den Produktentstehungsprozess. (Quelle: Göpfert und Schulz 2012b, S. 245)

Verbindlichkeitsgrad beschrieben. Damit werden aus den groben strategischen Zielen technische Lösungen abgeleitet, die im Rahmen der Serienentwicklung zur Serienreife geführt werden müssen, auch prozessseitig. Wichtig ist hier, Konflikte aus dem Zusammenspiel der Komponenten zu identifizieren und zu lösen, bspw., wenn sich elektrische Felder gegenseitig beeinflussen. Im Serienanlauf werden verschiedene Testlose mit steigender Stückzahl und Seriennähe gefertigt, um die Anlagen, Prozesse, Werkzeuge etc. zu testen und die Mitarbeiter auf ihre künftigen Aufgaben vorzubereiten. Mit dem Start-of-Production (SOP) beginnt die Herstellung verkaufsfähiger Fahrzeuge. Ab diesem wichtigsten Meilenstein werden die Vertriebskanäle gefüllt; die Markteinführung (ME) findet ca. drei Monate später statt.

2.2 Aufgaben und Möglichkeiten der Logistik im Produktentstehungsprozess

Die Logistik hat in den drei bis fünf Jahren zwischen Projektstart und SOP verschiedenste Aufgaben und Gestaltungsmöglichkeiten. Zunächst werden i. d. R. die Anforderungen (Größenordnung bspw. etwa 200–250 allein für die Ersatzteillogistik) ermittelt und in o. g. den technischen Dokumenten festgehalten. Diese ergeben sich vor allem durch bekannte Schwächen ähnlicher Produkte (bspw. Beanstandungen), die möglichst verhindert werden sollen. Die entsprechenden Listen werden je nach Hersteller kontinuierlich gepflegt oder in einem systematischen Suchprozess – dem Scouting – während der Phase der Zieldefinition ermittelt. Typische Anforderungen sind bspw. am Beispiel der After-Sales Logistik der Zerlegungsgrad von Karosserieelementen oder Batterien von Elektroautos, um in den Werkstätten ohne zusätzliche Betriebsmittel einen aus Kundensicht wirtschaftlichen Austausch zu gewährleisten, oder das Vorsehen anderer Dichtungen für den Reparaturfall gegenüber der Serie (, um im Falle eines Schadens am Motorkolben die Zylinderbuchse aufbohren und die Fläche honen zu können, statt das gesamte Aggregat austauschen zu müssen).

Weiterhin muss ein Standort für das neue Produkt gefunden und (im Falle eines Neubaus) logistikgerecht geplant werden, meistens – aber nicht zwangsläufig – das Werk, das bereits das Vorgängermodell hergestellt hat. Wichtige Kriterien sind dabei die Erfahrung mit ähnlichen Fahrzeugen, die Auslastung, die voraussichtlichen Investitionskosten und das Lohnniveau, aber auch strategische Aspekte. Durch einen Vergleich der Produktbeschreibung mit dem Standortprofil kann die Fertigungstiefe, also der Anteil der Wertschöpfung, die das Werk selbst erbringen kann oder soll, abgeleitet werden (vgl. Göpfert und Schulz 2012b, S. 248). Mit den restlichen Umfängen muss die Fabrik von außen, d. h. von anderen Standorten des OEM oder von Zulieferern, versorgt werden. Schrittweise werden nun mögliche Lieferanten gesucht und bestimmt, sodass im Folgenden auch die Transportmittel und -wege der fremd bezogenen Umfänge geplant werden können. Eine geeignete Produktstruktur, die ebenfalls von der Logistik mit beeinflusst wird, hilft dabei, das von außen ins Werk gebrachte Material zu clustern und so u. a. die Anzahl der Bezugsquellen und den Aufwand der innerbetrieblichen Transport- und Montageprozesse zu reduzieren. Die Zulieferer erhalten außerdem ein sog. Logistik-Lastenheft, das – analog zum Lastenheft der Komponenten – die Anforderungen an die Belieferung spezifiziert (bspw. Lieferumfang, Konditionen, Notkonzepte...), (vgl. Klug 2010, S. 89).

Auf Basis der Transportplanung erfolgt die Behälterplanung. Die Standardbehälter müssen auf Basis der Transportmenge und der Umlauftage – d. h. des Zeitraums, nach dem ein Behälter planmäßig wieder am selben Punkt im Kreislauf zwischen Quelle und Senke angekommen ist – beschafft werden. Die Spezialbehälter hingegen müssen auf die Eigenschaften des enthaltenen Vorprodukts (Geometrie, Qualitätsanforderungen, Aufnahmepunkte, Varianten etc.) zugeschnitten sein und sind deshalb sehr teuer. Seit der Definition ihrer Anforderungen hat die Logistik nur wenig Einfluss auf die Konstruktion genommen, um den Entwicklern Zeit für die Umsetzung zu geben. Nun jedoch werden häufig Optimierungsmöglichkeiten der entstandenen Bauteile aufgedeckt, sodass hier bei vielen Herstellern der Schwerpunkt der logistikseitigen Beeinflussung der Entwicklung beginnt. Nach Abschluss der Konstruktion erfolgt die offizielle Beschaffungsfreigabe für die Serienwerkzeuge und bauteile durch das zuständige Gremium. Mit Beginn des Serienanlaufs ist die Logistik vor allem operativ-unterstützend tätig, d. h. insbesondere, dass die Pilotserien versionsgerecht und zuverlässig mit Bauteilen versorgt werden muss, was sehr hohe Flexibilität erfordert, da viele Sonderprozesse durchgeführt werden müssen (vgl. Pfohl und Gareis 2000, S. 1200 f.).

2.3 Probleme und Kritik an den aktuell implementierten Prozessen

GÖPFERT UND SCHULZ haben in mehreren Arbeiten Optimierungspotentiale aus Sicht der Logistik in Bezug auf die derzeit implementierten Produktenstehungsprozesse in der Automobilindustrie aufgezeigt (vgl. u. a. Göpfert und Schulz 2010, 2011, 2012b), von denen die wichtigsten im Folgenden kurz vorgestellt werden sollen.

Zum Einen betrifft dies die personelle Situation der Logistik. Häufig genug – so das Ergebnis aktueller Befragungen – muss ein einziger Mitarbeiter seinen Fachbereich in bis zu vierzig Fahrzeugprojekten gleichzeitig vertreten, wobei auch Derivate sehr aufwändig zu betreuen sind. Aus diesem Grund kann der Verantwortliche zeitlich nicht an allen entsprechenden Sitzungen teilnehmen und riskiert, dass ihm wichtige Informationen entgehen. Grund für die Unterbesetzung ist die relativ kleine Kostenverantwortung der Logistik (bezogen auf das Gesamtprojekt), die ein größeres Mandat nicht zu rechtfertigen scheint. Dies liegt jedoch an der herrschenden Kostenfixierung in vielen Bereichen der Logistik (vgl. Seeck 2010, S. 31); könnten die logistischen Leistungen, also bspw. kurze Lieferzeiten und hohe Versorgungssicherheit, stärker in den Fokus gerückt werden, so wäre ein Entsenden zusätzlicher Experten gerechtfertigt.

Weiterhin kommt es im Produktenstehungsprozess aufgrund ungeeigneter Kostenrechnungssysteme leicht zu einem Lagerdenken. So wird bspw. der Einstandspreis häufig aufgeteilt in Teile- und Logistikkosten (Transport, Zoll...), die von unterschiedlichen Kostenstellen bezahlt werden, sodass bspw. ein weiter entfernter Lieferant das Budget des Einkaufs weniger stark belasten, dafür aber höhere Logistikkosten verursachen könnte. Auch kommen im Falle einer Optimierung die dadurch erzielten Einsparungen nicht immer dem Bereich im Fahrzeugprojekt zugute, der die zugehörigen Mehrkosten bezahlt, bspw. im Ersatzteilwesen (vgl. Göpfert und Schulz 2012a, S. 135 f.). Dadurch kommt es schnell zu Opportunismus, der besonders gravierend ist, da die Logistik in Verhandlungen während der Entwicklung – wie oben beschrieben – meist nur über Kosteneinsparungen argumentieren kann und nicht über Serviceverbesserungen.

Drittens ist die Integration der Zulieferer meist nicht ausreichend gewährleistet. So werden viele Lieferanten einfacherer Komponenten erst spät ausgewählt, zudem sind die Logistiker der Partner in aller Regel nicht aktiv im PEP ihres Kunden involviert. Häufig fehlen auch Anreizsysteme für Externe, gewisse Verbesserungspotentiale aufzudecken, wenn bspw. die Transportkosten durch den OEM bezahlt werden und eine derartige entwicklungsbedingte Kostenreduzierung dem Zulieferer nicht zu Gute kommt.

Wie bereits in Kap. 1 erwähnt, beeinflussen die im PEP getroffenen Entscheidungen die Logistik sehr lange. Die Entwicklung selbst dauert ca. drei bis fünf Jahre, hinzu kommt ein Modellebenszyklus von ca. sieben Jahren und (für deutsche OEM) eine Nachversorgung mit Ersatzteilen von mindestens 15 Jahren nach End-of-Production. Daher sind nicht nur die oben erwähnten aktuellen Herausforderungen zu lösen, sondern auch bereits zukünftige Anforderungen zu berücksichtigen.

Die Automobilindustrie im Jahre 2025 aus Sicht der Logistik

3

Im Folgenden soll die erwartete Situation der Automobilindustrie im Jahr 2025 untersucht werden, um eine Schwerpunktsetzung für weitere – über die in Kap. 2.3 genannten hinausgehenden – Verbesserungsmöglichkeiten aufzuzeigen. Dazu soll die sog. Szenario-Technik eingesetzt werden, eine Methode, bei der konsistente Zukunftsbilder erzeugt werden, um die Strategiefindung von Unternehmen zu unterstützen (vgl. Krystek und Herzhoff 2006, S. 306). Ziel ist es, Entscheider für alternative Entwicklungen zu sensibilisieren und damit neben der Erstellung des eigentlichen Ergebnisses auch und vor allem, den „Prozess der Veränderung des Untersuchungsobjektes von der Gegenwart in die Zukunft zu untersuchen und transparent zu machen" (Göpfert 2012, S. 24).

3.1 Beschreibung der für die Logistik wesentlichen Entwicklungslinien in der Automobilindustrie

Von Göpfert et al. wurden insgesamt neun Trends identifiziert, die aktuell die Automobilindustrie aus Sicht der Logistik am stärksten prägen (Göpfert et al. 2013, S. 4–11; Schulz 2014, S. 103–105).

- Weitere Zunahme der Globalisierung
- Steigende Kundenorientierung
- Anhaltender Kostendruck
- Anstieg der Bedeutung von Umweltaspekten
- Hoher Innovationsdruck/Anstieg des Anteils der Elektronikkomponenten

M. D. Schulz, *Der Produktentstehungsprozess in der Automobilindustrie*, essentials,
DOI 10.1007/978-3-658-06464-8_3,

- Neue Wachstumsmärkte
- Anstieg der Zahl der angebotenen Fahrzeugmodelle und -derivate
- Individualisierung der Fahrzeuge hinsichtlich ihrer Ausstattung
- Neue Wertschöpfungsketten

Diese sollen nun im Folgenden vorgestellt werden, wobei sowohl direkte Einflüsse auf die Logistik als auch – im Sinne der obigen Ausführungen – indirekte Auswirkungen untersucht werden, wenn sich aufgrund einer Entwicklungslinie bspw. die Produkteigenschaften ändern, was wiederum wie oben beschrieben Rückwirkungen auf die Gestalt der Logistiksysteme besitzt.

3.1.1 Weitere Zunahme der Globalisierung

Unter Globalisierung versteht man die zunehmende weltweite Verflechtung von Personen und Organisationen, u. a. zur umfassenden Nutzung von Spezialisierungsvorteilen wie komparativen Kostenvorteilen (vgl. Seeck 2000, S. 22). Sie besitzt umfangreiche Wechselwirkungen mit dem Funktionsbereich Logistik, da auf der einen Seite größere Warenströme operativ abgewickelt werden müssen, umgekehrt aber sinkende Kosten für den Transfer von Informationen, Personen und Gütern (bspw. durch technische Fortschritte oder einen Abbau von Zöllen) eine Zunahme grenzüberschreitender Aktivitäten fördern (vgl. Arndt 2008, S. 9 f.). Die Globalisierung äußert sich bspw. in einer steigenden Anzahl von Fahrzeugexporten, Auslandswerken und Beteiligungen an ausländischen Unternehmen sowie einem steigenden Anteil von international bezogenen Vorprodukten.

Für die Logistik erhöht sich dadurch in erster Linie die Komplexität der Prozesse, da weltumspannende Netzwerke aufgebaut und betrieben werden müssen. Dabei sind nicht nur größere Distanzen – einschließlich der damit verbundenen Lieferzeiten und Transportrisiken (bspw. Engpässe, Naturkatastrophen, Streiks ...) – zu berücksichtigen, die bspw. eine Just-in-Time-Anlieferung erschweren; es kommt auch eine Vielzahl neuer Planungsaufgaben hinzu, etwa durch unterschiedliche Rechtssysteme, Sprachen, Kulturen, Währungen etc.

3.1.2 Steigende Kundenorientierung

Der Automobilmarkt ist gekennzeichnet durch hohe Transparenz, großen Wettbewerbsdruck und anhaltenden technischen Fortschritt, sodass die Endkunden der Fahrzeughersteller immer anspruchsvoller werden. Die Hersteller müssen sich so immer intensiver an den Wünschen ihrer Abnehmer orientieren, zumal die Markentreue stark abnimmt und so die Hemmschwelle für einen Fabrikatswechsel auch bei zufriedenen Kunden geringer ist als früher (vgl. Piller 2006, S. 46). Die Kundenbedürfnisse sind jedoch heterogen und ändern sich durch den Einfluss gesellschaftlicher Trends wie dem demografischen Wandel oder das Aufkommen „hybrider Konsumenten".

Für die Logistik folgen daraus nicht nur hohe Anforderungen an den Lieferservice (vgl. hierzu Göpfert 2005, S. 113–114, 301); auch muss im Sinne des Supply-Chain-Management-Gedankens die Qualität entlang der gesamten Wertschöpfungskette gesteuert werden. Da viele Kunden in reiferen Märkten ihr Fahrzeug zudem immer mehr als Gebrauchsgegenstand wahrnehmen und ihr Mobilitätsbedürfnis prinzipiell auch ohne Eigentümer eines Automobils werden zu wollen, zu befriedigen suchen (vgl. Canzler S. 43 f.), muss die Logistik maßgeblich an der Erstellung von Nutzungs- und Finanzierungskonzepten wie Car Sharing oder Leasing mitwirken.

3.1.3 Anhaltender Kostendruck

In Verbindung mit der im vorhergehenden Abschnitt angedeuteten Steigerung der Marktmacht der Kunden sinkt auch deren Bereitschaft, Kostensteigerungen zu akzeptieren. Hersteller sind, ganz besonders in Zeiten steigender Ressourcenpreise (Energie, Stahl etc.), dadurch einem ständigen Kostendruck ausgesetzt, der den Spielraum bei der Umsetzung aufwändiger technischer Lösungen einschränkt.

Für die Logistik bedeutet dies nicht nur reduzierte Investitionsbudgets und eine hohe Bedeutung effizienter Prozesse, wie sie sich zuletzt im Streben vieler Unternehmen zeigte, „schlanke" Produktionssysteme zu etablieren. Auch obliegt der Logistik – wie bereits oben beschrieben – im Rahmen des Supply Chain Managements die kostengerechte Steuerung der Lieferketten, sodass hier bspw. ein entsprechendes Lieferantenmanagement angewandt werden muss. Um Kostenvorteile an der Verbindung zwischen Abnehmer, Lieferant und Unterlieferant realisieren zu können, bietet sich die Auswahl geeigneter SCM-Maßnahmen an, deren Kostenwirkung von Braun untersucht wurde (vgl. Braun 2012).

3.1.4 Anstieg der Bedeutung von Umweltaspekten

Ebenfalls typisch für gesättigte Käufermärkte ist ein steigendes Interesse der Kunden an ökologischen Aspekten (vgl. Adolphs 1997, S. 36). Hier treten zusätzlich sich verschärfende gesetzliche Anforderungen hinzu (vgl. u. a. Op de Beeck et al. 2013), sodass die Hersteller gezwungen sind, verschiedene emissionsreduzierende Technologien wie die Abgasrückführung, den NO_x-Speicherkatalysator oder die Selektive Katalytische Reduktion in ihre Produkte zu integrieren. Auch verschiedene Wege der Elektrifizierung des Antriebsstranges (Elektroautos, Hybridfahrzeuge etc.) werden derzeit erprobt.

Damit auch die Logistik zu vorteilhaften Ökobilanzen beitragen kann, müssen auch in den entsprechenden Systemen Ressourcenschonung und eine Reduktion der Umweltbelastungen wie Schadstoffausstoß, Lärmbelästigung und Abfallaufkommen vorgesehen werden. Hierzu finden sich in der Literatur zahlreiche Gestaltungsempfehlungen (bspw. Burschel et al. 2004, S. 404 f.; Göpfert und Wehberg 1995, S. 31).

Das Aufkommen von Elektromobilen bewirkt zunächst Änderungen an der Stückliste der Fahrzeuge. Einige Komponenten entfallen je nach Konzept, während andere (z. B. spezielle Batterien) hinzukommen und dann vornehmlich nicht vom OEM, sondern von spezialisierten Zulieferern und Joint Ventures bereitgestellt werden (vgl. Baum und Delfmann 2010, S. 80; Wallentowitz et al. 2010). Dabei sind mitunter umfassende Qualifizierungsmaßnahmen erforderlich, da die jeweiligen Partner u. U. noch nie für die Automobilindustrie produziert haben. Zudem müssen ggf. völlig neue Logistikprozesse für die einzelnen Umfänge geplant werden.

3.1.5 Hoher Innovationsdruck/Anstieg des Anteils der Elektronikkomponenten

Gerade Premiumhersteller, die den größten Teil der hiesigen Automobilindustrie ausmachen, setzten verstärkt auf ihre Innovationskraft als Differenzierungsmerkmal im Wettbewerb (vgl. VDA 2007, S. 71). Heutzutage sind allerdings 90 % aller Innovationen nur durch den Einsatz von Elektronik und Software möglich (vgl. u. a. Forster 2006, S. 258). Der hohe Innovationsdruck auf die Hersteller und Zulieferer ist damit gleichbedeutend mit einem Anstieg der Zahl der Elektronikkomponenten im Fahrzeug, wobei die entsprechenden Komponenten mittlerweile 30–40 % des Produktwerts ausmachen (vgl. u. a. Radtke et al. 2004, S. 52).

Innovationen bringen zusätzliche Unsicherheit und Dynamik mit sich, da die Komponenten häufig ausgetauscht oder überarbeitet werden und die Logistik ggf. noch über wenig Erfahrungen mit den spezifischen Bauteilen verfügt (vgl. Dombrowski und Schulze 2008, S. 446, 461). Auch steigt durch häufige technische Überarbeitung das Verschrottungsrisiko, wodurch sich die Lagerhaltung erschwert (vgl. Weber und Kummer 1998, S. 202 f.), sowie der Aufwand in der technischen

Dokumentation. In den operativen Prozessen sind zudem die typischen Spezifika von Elektronikkomponenten zu beachten, also bspw. ein tendenziell geringeres Gewicht, ein durchschnittlich hoher Produktwert und eine meist hohe Empfindlichkeit gegen Belastungen wie Feuchtigkeit, mechanische Stöße, Temperatur oder elektromagnetische Felder (vgl. u. a. Krüger 2008, S. 236). Da die Fahrzeughersteller durch den Einsatz der Elektronik verstärkt Herausforderungen benachbarter Branchen begegnen müssen, steigt die Komplexität im Supply Chain Management (vgl. Göpfert et al. 2013, S. 10).

3.1.6 Neue Wachstumsmärkte

In den klassischen Volumenmärkten Japan, Westeuropa und Nordamerika zeichnet sich schon seit mehreren Jahren eine Stagnation im Fahrzeugabsatz ab (vgl. u. a. Becker 2010, S. 31, 131). Deutlich größere Wachstumschancen werden in aufstrebenden Schwellenländern wie Brasilien, Russland, Indien und China gesehen (vgl. Göpfert et al. 2013, S. 15). Bei Aktivitäten in diesen Ländern gelten jedoch große Unterschiede in Kultur, Geschmack und Rechtssystem, aber auch Bedingungen der Nutzung wie die Qualität der vorhandenen Straßennetze und Treibstoffe. Zusätzlich zu den spezifischen Risiken (bspw. durch Politik, Währung etc.) sind also Anpassungen der Fahrzeuge (bspw. Ausstattung, Designelemente, Lackfarben ...) und Services (bspw. Finanzierung) an die jeweiligen Gegebenheiten erforderlich.

Eine wesentliche Besonderheit sind die Gesetze zur Erhöhung des Local Content, also des Mindestanteils der Wertschöpfung, der im jeweiligen Land erbracht werden muss. Diese können bspw. in Strafzöllen von mehreren Hundert Prozent bestehen, sodass die Hersteller gezwungen sind, Auslandswerke vor Ort zu errichten oder die Zusammenarbeit mit Zulieferern im Zielland zu suchen. Da die Handelshemmnisse für Einzelteile geringer sind als für Komplettfahrzeuge, wird dabei meistens zunächst ein sog. CKD-Versand (Completely-Knocked-Down) gewählt, bei dem fertige Fahrzeuge in Einzelteilen verschifft und im Zielland zusammengebaut werden (vgl. Schulz und Hesse 2012, S. 226–231). Neben den dadurch entstehenden logistischen Aufgaben kommt der Transport über weite Strecken, mehrere Landesgrenzen und zusätzliche Intermediäre auf z. T. schlecht ausgebauten Verkehrswegen hinzu.

3.1.7 Anstieg der Zahl der angebotenen Fahrzeugmodelle und -derivate

Um die Produkte in Märkten mit steigender Heterogenität besser auf die Bedürfnisse der Kunden anzupassen und so Marktanteile zu sichern, haben die Hersteller in den letzten Jahrzehnten die Anzahl der verfügbaren Modelle und Derivate (Varianten eines Basismodells wie Kombi, Limousine, Cabrio etc.) ständig erhöht (vgl. u. a. Krog und Statkevich 2008, S. 187). Dies bedingt jedoch zwei wesentliche negative Effekte für die OEM:

1. Da laufend neue Produkte in den Markt eingeführt werden, werden die alten schneller als veraltet wahrgenommen, sodass der Marktlebenszyklus sinkt (vgl. Rainey 2005, S. 22).
2. Steigt das Marktvolumen nicht im gleichen Maße, so sinkt der durchschnittliche Absatz pro Modell, wodurch Fixkosten weniger leicht umgelegt werden können (vgl. Beetz et al. 2008, S. 35)

Für die Logistik erhöht sich der Aufwand in der Versorgung, da viele zusätzliche Individualteile zu beachten sind und die jeweiligen Anlagen (bspw. Handhabungsgeräte, Fließbänder, Roboter etc.) unter Umständen nicht mit allen Versionen kompatibel sind (hier ist insbesondere die Position der Aufnahmepunkte entscheidend). Zusätzlich muss der Stückabsatz (je nach Verwendungszweck der Prognose) für jedes Modell/Derivat einzeln abgeschätzt werden (vgl. Zinn und Bowersox 1988, S. 117). Denkbar ist auch das Anbieten eines segmentspezifischen Logistikservices (bspw. Lieferzeit von Ersatzteilen abhängig von der Zahlungsbereitschaft der Zielgruppe).

3.1.8 Individualisierung der Fahrzeuge hinsichtlich ihrer Ausstattung

Parallel bieten die Hersteller ihren Kunden mittlerweile umfassende Konfigurationsmöglichkeiten für ihr Fahrzeug an, sodass sie viele Optionen bzgl. Lack, Sitzbezug, Motorisierung, Ausstattung etc. in Anspruch nehmen können. Rein rechnerisch ergeben sich dadurch für das Gesamtfahrzeug Variantenzahlen im z. T. 26-stelligen Bereich (vgl. Götz 2007, S. 19). Nicht alle diese Optionen führen jedoch zu einem wahrnehmbaren Vorteil für den Endkunden, zumal dieser durch zu große Auswahlvielfalt auch verunsichert werden kann.

Für die Logistik erhöht sich dadurch der Anspruch an die Reaktionsfähigkeit der Supply Chain, da alle Fahrzeuge nach Eingang des Kundenauftrags in vertretbarer Zeit produziert werden müssen (vgl. Miemczyk und Holweg 2004, S. 174). Parallel entfallen in vielen operativen Prozessen Skaleneffekte, da die Varianten u. U. nicht mehr zusammen in einem Behälter transportiert oder gelagert werden können (vgl.

Ihme 2006, S. 21). Auch ergeben sich die bereits im vorherigen Kapitel angesprochenen Probleme bei der Bedarfsprognose, sollte sich für bestimmte Produkte eine Variante wider Erwarten als deutlich beliebter erweisen als andere und es dadurch zu Versorgungsengpässen kommen kann.

3.1.9 Neuausrichtung der Wertschöpfungskette

Wie gezeigt wurde, wird es für Produzenten immer schwieriger, die Kundenwünsche marktgerecht zu erfüllen. Dies bedeutet, dass kleinere Hersteller Schwierigkeiten haben, die hohen Fixkosten aufzubringen und umzulegen, welche bspw. durch die Anschaffung von Anlagen oder F&E-Aktivitäten für Innovationen in Funktionalität, Sicherheit und das Erfüllen gesetzlicher Anforderungen anfallen. Dadurch sind sowohl bei OEM als auch bei Zulieferern in den letzten Jahrzehnten starke Konsolidierungstendenzen erkennbar (vgl. u. a. Becker 2010, S. 70; Wilhelm 2009, S. 105), zuletzt bspw. bei Fiat und Chrysler. Die verbleibenden Hersteller versuchen, die Herausforderungen durch gezielte Kooperationsprojekte sowohl untereinander als auch mit ausgesuchten, meist größeren Zulieferern und Entwicklungsdienstleistern zu bewältigen.

Da so die durchschnittliche Fertigungstiefe der OEM mittlerweile unter 30 % liegt (vgl. u. a. Göpfert und Grünert 2008, S. 212), muss die Logistik die Koordination und operative Anbindung der Partner sicher stellen (vgl. u. a. Christopher 2011, S. 5, 213). Darunter fällt z. B. die geeignete Strukturierung der Supply Chain, die bereits in der Produktentwicklung durch geeignete Produktstrukturen (bspw. Module, Plattformen etc.) vorbereitet werden muss. Umgekehrt ergeben sich aber auch Chancen, da die Logistik nun eigene Kooperationen aufbauen kann und sollte, bspw. in der Beschaffung von Vorprodukten oder in der Ersatzteilbereitstellung mit Wettbewerbern (vgl. Schulz 2014, S. 251).

3.2 Bildung des Trendszenarios

Da der weitere Verlauf der Trends grundsätzlich zunächst unsicher ist und Szenarien per definitionem ein gewisses Maß an Kohärenz aufweisen müssen, ist eine bloße Untersuchung der einzelnen Trends allein nicht ausreichend zur Bildung eines solchen Zukunftsbildes. Daher soll nun dem von Göpfert und Schulz vorgeschlagenen Vorgehen folgend eine Vernetzungsanalyse erfolgen (vgl. u. a. Göpfert und Schulz 2012; Göpfert et al. 2013; Schulz 2014, S. 90–93). Mit dieser soll überprüft werden, wie sich die Trends wechselseitig beeinflussen, also bspw. gegenseitig verstärken oder abschwächen; auch bilden sich durch das Zusammenspiel zweier Entwicklungslinien z. T. völlig neue Phänomene heraus. Die Vernetzungsanalyse basiert auf (Schulz 2014, S. 168–191).

3.2.1 Vernetzungsanalyse

Im Folgenden sollen die Auswirkungen jedes einzelnen Trends auf die acht anderen untersucht werden. Zum Abschluss folgt eine zusammenfassende Übersicht in Form einer Tabelle.

3.2.1.1 Weitere Zunahme der Globalisierung

Die Globalisierung führt aufgrund des intensiveren Wettbewerbs zu einer Steigerung des allgemeinen Qualitätsniveaus; individuelle Wüsche können aufgrund der zu realisierenden Skaleneffekte allerdings weniger leicht wahrgenommen werden. Der finanzielle Druck steigt, da Hersteller aus Ländern mit anderen Kostenstrukturen in Konkurrenz mit den hiesigen OEM treten. Da Umweltaspekte nicht in allen Regionen der Welt ein gleichsam wichtiges Kaufkriterium darstellen, wirkt die Globalisierung hier eher relativierend. Ein weltweiter Vertrieb von Elektroautos erfordert zudem eine Weiterentwicklung der verwendeten Batterien, da deren Leistungsfähigkeit oder Haltbarkeit sich bei Extremtemperaturen verringern. Das Erschließen neuer Wachstumsmärkte (bspw. BRIC-Staaten) ist hingegen ein Effekt der Globalisierung. Die steigende Anzahl von Modellen und Derivaten wird prinzipiell ebenfalls befördert, da viele neue Absatzmärkte mit spezifischen Bedingungen hinzutreten. Die Individualisierung wird dagegen nicht weiter erhöht, da in vielen ausländischen Märkten viele Ausstattungsmerkmale nicht verfügbar sind und ein deutlich geringerer Wert auf Konfigurierbarkeit gelegt wird als hierzulande. Bei der Neuausrichtung der Wertschöpfungsketten ergeben sich zusätzliche Kooperationspartner; diese sollten jedoch je nach Projektziel groß genug sein, um weltweit agieren zu können.

3.2.1.2 Steigende Kundenorientierung

Der Anstieg der Kundenorientierung kann die Globalisierungstendenzen verringern, da sich bspw. bei weltweitem Einkauf von Vorprodukten der Lieferservice durch die distanzbedingt längeren Lieferzeiten verschlechtert. Der Kostendruck wird erhöht, da Qualitätssteigerungen naturgemäß viel Geld kosten, der Verbraucher aber nur in geringem Maße bereit ist, Mehrkosten zu übernehmen. Durch das

Spannungsfeld einer Leistungssteigerung bei gleichzeitiger Kostenreduktion entwickeln sich die oberen und unteren Marktsegmente positiv, während in der Mittelklasse mit einem Absatzrückgang zu rechnen ist (vgl. u. a. Garcia Sanz 2007, S. 4). Der Trend „Erhöhte Bedeutung von Umweltaspekten“ wird aufgrund des bereits in Kap. 3.1.4 genannten Zusammenhangs verstärkt. Auch führt die zunehmende Kundenorientierung zu einer erweiterten Funktionalität und damit zum verstärkten Einsatz von zugehörigen Elektronikkomponenten. Auf den Bedeutungsgewinn neuer Wachstumsmärkte waren dagegen keine wesentlichen Auswirkungen festzustellen. Steigende Variantenzahlen sind prinzipiell (wie oben beschrieben) ein Zeichen, dass die Hersteller ihre Produkte optimal an die individuellen Bedürfnisse der Abnehmer anzupassen versuchen und damit die Folge einer zunehmenden Kundenorientierung. Die Neuordnung der Wertschöpfungskette wird durch die steigende Kundenorientierung befördert, denn sie bringt viele Vorteile für den Endkunden, darunter ein steigendes Qualitätsniveau (durch verbesserte Abstimmung der Partner und Einbringen der jeweiligen Kernkompetenzen) sowie eine Verringerung der Durchlaufzeit durch den Einsatz von geeigneten Produktstrukturen (siehe Schulz 2014, S. 42 f.). Wichtig ist jedoch ein exzellentes Supply Chain Management, um Qualitätsprobleme aufgrund von Zulieferungen externer Partner schnell zu erkennen und dadurch zu vermeiden.

3.2.1.3 Anhaltender Kostendruck

Der anhaltende Kostendruck fördert die Globalisierung der Beschaffungsaktivitäten, da durch ein solches *Global Sourcing* auf Teile- oder Komponentenebene eine Kostensenkung herbeigeführt werden kann, sofern die Transportkosten nicht überproportional steigen. Die Kundenorientierung wird eher verringert, da bei der Auslegung von Funktionsträgern – außer im Luxussegment – stets Kompromisse zwischen Qualität und Kosten eingegangen werden müssen. Der Trend zur Umweltorientierung kann dagegen durch den Kostendruck verstärkt werden, da institutionelle Kunden – zunehmend aber auch Privatverbraucher – eher die lebenszyklusorientierten Kosten als den Kaufpreis als Anschaffungskriterium heranziehen. Damit kann ein niedriger Verbrauch (und einhergehend geringere CO_2-Emissionen) aus beiden Perspektiven – finanziell wie ökologisch – ein wichtiges Wettbewerbsargument darstellen. Auf viele andere Bestandteile der Umweltorientierung wie Lärm-, Stickstoff- oder Feinstaubemissionen trifft dies jedoch nicht zwangsläufig zu und gerade Elektromobile werden aufgrund des aktuell hohen Kaufpreises nur in geringem Umfang vom Markt angenommen. Da sowohl der verstärkte Einbau von elektronischen Funktionsträgern als auch eine steigende Variantenvielfalt (Modelle, Derivate, Ausstattung) Mehrkosten verursachen, wirkt der Kostendruck auch diesen Trends entgegen. Der Bedeutungsanstieg neuer

Wachstumsmärkte wird dagegen in gewisser Weise indirekt durch den Kostendruck verstärkt, da das Angebot in Regionen mit hohem Marktvolumen über die entstehenden Skaleneffekte zu Preisvorteilen führt, sodass ein Anbieten in den entsprechenden Ländern auch bei geringeren erwarteten Margen aus gesamtheitlicher Sicht profitabel sein kann. Die Neuausrichtung der Wertschöpfungskette wird ebenfalls verstärkt, da spezialisierte Zulieferer i. d. R. kostengünstiger produzieren können als die OEM und sich durch Kooperationen über Skaleneffekte gewisse Einsparungen realisieren lassen.

3.2.1.4 Anstieg der Bedeutung von Umweltaspekten

Die ökologischen Auswirkungen einer global verteilten Produktion sind im Zuge der steigenden Umweltorientierung von Bedeutung, wenn bspw. Ökobilanzen für die Fahrzeuge erstellt werden müssen. Dann schwächt der Trend zur Umweltorientierung die Globalisierung ab, da die langen Transportwege und geringere Standards in den Herkunftsländern einiger Zulieferer sich negativ auswirken. Die Kundenorientierung wird ebenfalls abgeschwächt, da nutzenstiftende, aber umweltschädliche Leistungsmerkmale wie bestimmte Motoren aufgrund von Gesetzen oder strategischen Programmänderungen für den Kunden nicht mehr verfügbar sind und insbesondere Elektromobile eine geringere Leistungsfähigkeit besitzen. Für die in Kap. 3.1.2 genannten Geschäftsmodelle ergeben sich allerdings neue Möglichkeiten durch die Elektroautos. Der Kostendruck nimmt zu, da abseits des bereits in Kap. 3.2.1.3 angeführten Zusammenhangs von CO_2-Ausstoß und Treibstoffverbrauch ökologieorientierte Innovationen im Produkt und in der Produktion meist mit Mehrkosten einhergehen, die an anderer Stelle kompensiert werden müssen. Der Innovationstrend wird durch die Umweltorientierung sowohl gefördert als auch gebremst, da neue Komponenten die entsprechende Verträglichkeit sowohl erhöhen als auch verringern können. So ist das Gewicht zusätzlicher Bauteile negativ zu berücksichtigen, es können aber auch herkömmliche, mechanische Lösungen durch leichtere Alternativen ersetzt werden (bspw. Brake-by-Wire-Systeme); zudem können einige Innovationen auch direkt die Umweltverträglichkeit verbessern. Mit der steigenden Bedeutung von Umweltaspekten erhöht sich langfristig auch die der neuen Wachstumsmärkte, insbesondere Chinas, da das Land sowohl als Absatzmarkt als auch als Produzent von Elektroautos hohes Potential besitzt (vgl. Schulz 2014, S. 185). Durch die Entwicklung von Elektromobilen ist ein weiterer Anstieg der Zahl der angebotenen Modelle wahrscheinlich, die sich dann von dem vom Verbrennungsmotor bestimmten Package mit den bestehenden Restriktionen (bspw. Abgasanlage hinten, Kühler vorne . . .) lösen könnten – einige Beispiele sind der BMW i3, der Toyota Prius und der Opel Ampera. Bei der Ausstattung kann jedoch mit einem Rückgang gerechnet werden, da viele zusätzliche Verbraucher im

Fahrzeug die Reichweite stark einschränken (bspw. Klimaanlagen). Der Trend zur Neugestaltung der Wertschöpfungsketten wird gerade durch das Aufkommen der Elektromobile stark beschleunigt, da nur große Firmen die nötigen F&E-Budgets haben, um sich mit einer bisher vernachlässigten Antriebsart im Markt zu etablieren (vgl. Wimmer et al. 2010, S. 9–11). Zudem sind, wie bereits in Kap. 3.1.4 dargelegt, viele der neuen Umfänge im Verantwortungsbereich der Zulieferer, sodass sich hier verstärkt Kooperationen anbieten.

3.2.1.5 Hoher Innovationsdruck/Anstieg des Anteils der Elektronikkomponenten

Der vermehrte Einsatz von Elektronikkomponenten befördert aus Sicht hiesiger Fahrzeughersteller die Globalisierung, da sie meist in Clusterregionen außerhalb Deutschlands produziert werden und somit ein Global Sourcing erfordern. Für die Kundenorientierung ergeben sich zwei, den in Abschn. 3.2.1.2 genannten nicht unähnliche, Risiken:

1. Wie in Kap. 3.1.2 beschrieben, ist die Gesellschaft aktuell einem sog. demografischen Wandel unterworfen. Gerade ältere Kunden sind darauf angewiesen, dass die Bedienbarkeit der Fahrzeuge auch bei größerem Funktionsumfang intuitiv nachvollziehbar ist (vgl. Stahl und Seidel 2005, S. 789).
2. Durch eine hohe Vernetzung kann es zu Qualitätsproblemen kommen, wenn Komponenten im Einzelfall nicht miteinander kompatibel sind. Ein hoher Anteil von Pannen wird mittlerweile dem Ausfall elektronischer Komponenten zugeschrieben (vgl. u. a. Radtke et al. 2004, S. 55).

Da Innovationen (im Sinne objektiver Weltneuheiten) zunächst vor allem in oberen Preissegmenten zum Einsatz kommen und dort die Preiselastizität niedriger ist (vgl. u. a. Baum und Delfmann 2010, S. 101; Radtke et al. 2004, S. 19, 97), kann eine temporäre Entspannung beim Kostendruck auftreten. Dabei ist jedoch zu beachten, dass sich die Kunden an die bestehende Funktionalität gewöhnen werden, sodass die Preisbereitschaft schnell sinkt und dann wieder die in Kap. 3.2.1.3 angesprochenen Mehrkosten für Elektronik zu beachten sind. Die Umweltorientierung könnte sinken, da viele der bis vor kurzem in Elektronikbauteilen eingesetzten Stoffe ökologisch schädlich sind (vgl. Borgeest 2010, S. 174), andererseits dienen natürlich viele Innovationen einer Verbesserung der Umweltverträglichkeit. Zum Bedeutungsanstieg der neuen Wachstumsmärkte konnte kein wesentlicher Effekt festgestellt werden, ebenso zum Anstieg der Modellvielfalt. Zwar werden völlig neue Fahrzeugtypen zuweilen als Modellinnovationen betrachtet, ihre Entwicklung geschieht jedoch nur äußerst selten. Die Variantenvielfalt bei der Ausstattung steigt dagegen, wenn neue Optionen eingeführt werden; umgekehrt hilft die Substitution von Hardware durch Softwarelösungen aber auch, die Mehrkosten für die Proliferation zu verringern (vgl. bspw. Göpfert und Schulz 2013, S. 203). Auf die Neuausrichtung der Wertschöpfungskette sind positive Effekte festzustellen, da viele Innovationen von Zulieferern erstellt werden; im Falle strategisch relevanter Produkteigenschaften wird jedochein Insourcing befördert, damit die neue Funktion oder Technologie exklusiv vom entwickelnden Hersteller eingesetzt werden kann (vgl. Schulz 2014, S. 187–189).

3.2.1.6 Neue Wachstumsmärkte

Der Bedeutungsanstieg der neuen Wachstumsmärkte wirkt der Globalisierung entgegen, da dort aufgrund der bereits angesprochenen gesetzlichen Vorgaben zur Lokalisierung der Wertschöpfung die weltweite Beschaffung von Vorprodukten eingeschränkt wird (vgl. Göpfert et al. 2013, S. 19). Zudem sind die dortigen Hersteller auf dem Weltmarkt noch nicht ausreichend wettbewerbsfähig. Aufgrund des niedrigeren Einkommensniveaus werden weniger qualitativ hochwertige, teure Fahrzeuge nachgefragt, sodass sich die Kundenorientierung und der Innovationsdruck verringern, während der Kostendruck – gerade für Produzenten aus Hochlohnländern – zunimmt. Aufgrund der bereits in Kap. 3.2.1.4 angesprochenen Rolle Chinas steigt die Umweltorientierung. Während durchaus lokalindividuelle Modelle für einzelne Länder geschaffen werden oder hierzulande obsolet gewordene Modelle weiterproduziert werden und damit die Modellvielfalt weiter zunimmt, gilt bei der Ausstattung die bereits in Kap. 3.2.1.1 genannte Entbehrlichkeit vieler Konfigurationsoptionen in vielen ausländischen Regionen. Durch die Erfordernis einer Kooperation mit lokalen Partnern (bspw. in Form von Joint Ventures) gewinnt die Neuausrichtung der Wertschöpfungskette an Bedeutung.

3.2.1.7 Anstieg der Zahl der angebotenen Fahrzeugmodelle und -derivate

Da viele Modelle an einem oder wenigen Standorten zentral gefertigt und von dort aus weltweit distribuiert werden (vgl. bspw. Schulz und Hesse 2012, S. 223), führt eine steigende Modellvielfalt zu einer Intensivierung der weltweiten Warenströme/Wirtschaftsbeziehungen in der Automobilindustrie. Da der Markt – wie in Kap. 3.1.7 angedeutet – stärker segmentiert wird, können die Fahrzeuge besser auf die Bedürfnisse der Kundenklasse zugeschnitten werden, sodass sich die Kundenorientierung erhöht. Der Kostendruck steigt wegen der – ebenfalls dort beschriebenen – verringerten Möglichkeiten einer Stückkostendegression. Umweltorientierung und Innovationsdruck verstärken sich, da beide wesentliche Kaufanreize für neue Modelle darstellen und häufige Modellwechsel eine Verjüngung des Angebots und damit aktuellere Technik in den Fahrzeugen bedeuten. Auf den Bedeutungsanstieg neuer Wachstumsmärkte war kein direkter Einfluss festzustellen, allerdings steigt die Notwendigkeit hoher Absatzzahlen, was ein Engagement in Volumenmärkten nahe legt. Da auch die Ausstattung an die Modelle angepasst werden muss, wird sich auch die Anzahl der Produktvarianten in diesem Bereich erhöhen (vgl. Bohne 1998, S. 61). Um die hohen Investitionen für neue Modelle umzulegen und trotz der Unterschiede Synergien zu realisieren, steigt die Notwendigkeit von Kooperationen mit Zulieferern und Wettbewerbern (vgl. Holweg 2008, S. 24; Hab und Wagner 2010, S. 8).

3.2.1.8 Individualisierung der Fahrzeuge hinsichtlich ihrer Ausstattung

Die Individualisierung der Fahrzeuge hinsichtlich ihrer Ausstattung hat keine wesentlichen Auswirkungen auf die Globalisierung, allerdings wird eine lokalindividuelle Anpassung erleichtert, wenn die Leistungssysteme bereits auf eine Anpassung vorbereitet sind. Der Trend zu einer stärkeren Kundenorientierung wird geringfügig abgeschwächt, da

1. wie in Kap. 3.1.8 beschrieben, Kunden von einer zu großen Auswahl überfordert werden können.
2. es aufgrund der genannten, sehr hohen Variantenzahlen für Hersteller unmöglich ist, im Rahmen der Prototypentests alle möglichen Konfigurationen zu überprüfen. Unter Umständen können so Inkompatibilitäten nicht aufgedeckt werden.
3. der Wettbewerb über Qualität gegenüber der Anpassungsfähigkeit in den Hintergrund tritt.
4. die Fahrzeuge weniger stark auf eine breite Kundenbasis ausgelegt werden müssen, wenn jeder Kunde sich sein eigenes Fahrzeug zusammenstellen kann. So verfügen westliche Hersteller ihren japanischen Konkurrenten bspw. über eine deutlich höhere Konfigurierbarkeit, aber dafür eine weniger umfangreiche Basisausstattung (vgl. MacDuffie et al. 1996, S. 351).

Obwohl die Zahlungsbereitschaft der Kunden bei Sonderausstattung höher ist als bei Basisangeboten (vgl. Kluge und Abele 2004, S. 13), führen die Variantenkosten in Summe zu einer Erhöhung des Preisdrucks (vgl. Göpfert und Schulz 2012a, 2013c). Die Umweltorientierung wird befördert, wenn entsprechende Optionen (bspw. Pakete) angeboten werden (bspw. Volkswagens BlueMotion, Mercedes' BlueEfficiency …). Die Zahl der Innovationen im Fahrzeug kann erhöht werden, da besonders teure Neuerungen zumindest als Option angeboten werden können, wenn das Gros der Kundschaft sie nicht zu bezahlen bereit wäre. Die Wettbewerbsfähigkeit in neuen Wachstumsmärkten verschlechtert sich, da Hersteller mit hoher Produktvarianz unterlegene Kostenstrukturen besitzen gegenüber Produzenten mit klarer Kostenstrategie. Prinzipiell ist keine gravierende Auswirkung auf die Erhöhung der Zahl der Modelle und Derivate festzustellen, allerdings ist es nur konsequent, in beiden Bereichen zahlreiche Optionen anzubieten. Die Wertschöpfungsketten entwickeln sich analog zu den im vorgehenden Kapitel genannten Effekten.

3.2.1.9 Neuausrichtung der Wertschöpfungskette

Die Neuausrichtung der Wertschöpfungskette besitzt fördernde und hemmende Auswirkungen auf den Globalisierungstrend. Die enge Zusammenarbeit mit Zulieferern verringert Globalisierungstendenzen, da sie über große räumliche und kulturelle Distanzen meist schwierig umzusetzen ist. Allerdings werden viele Lieferanten faktisch gezwungen, sich in der Nähe des zu versorgenden Werks ihrer Abnehmer anzusiedeln (bspw. in sog. Industrieparks), was die internationale Ausrichtung dieser Unternehmen erhöht. Partnerschaften zwischen größeren OEM aus unterschiedlichen Ländern sind üblich und verstärken ebenfalls die Globalisierung. So arbeiten z. B. deutsche Hersteller aus dem Premiumsegment bei der Entwicklung und Fertigung von Kleinwagen gerne mit Produzenten aus Frankreich zusammen, die in diesem Segment etabliert sind. Die Kundenorientierung wird erhöht, da bei der Partnersuche spezialisierte Firmen ausgewählt werden und der bei der Fremdvergabe entstehende Wettbewerb i. d. R. zu besseren Lösungen führt als eine In-House-Fertigung. Der Kostendruck wird im gleichen Zuge an die Zulieferer weitergegeben, wodurch sich die Lage für den OEM zwar entspannt, dieser jedoch im Rahmen seines Risikomanagements verstärkt mögliche Firmeninsolvenzen seiner Partners berücksichtigen muss (vgl. Baum und Delfmann 2010, S. 9–10, 42, 74). Die Umweltorientierung schwächt sich de facto ab, da entsprechende Standards zuliefernder Unternehmen und deren Lieferanten für den Fahrzeugproduzenten schwerer zu etablieren bzw. zu kontrollieren sind als die eigenen. Der Aspekt „Elektromobilität“ wird allerdings gefördert, da die entsprechenden Investitionen für die Entwicklung und Fertigung von Fahrzeugen mit (zur Zeit noch) häufig zweifelhaften Marktchancen in Kooperationen einfacher zu tätigen sind. Aus dem gleichen Grund wird auch der Innovationstrend verstärkt, allerdings könnten die Autos weniger markenspezifische Neuerungen enthalten, wenn Zulieferer beauftragt werden, die ihre Lösungen dann auch Wettbewerbern anbieten. Der Bedeutungsgewinn neuer Wachstumsmärkte wird verringert, da die dortigen Unternehmen fast ausschließlich aus Local-Content-Gründen als Partner ausgewählt werden und nicht ihrer Expertise wegen. Zudem sind – bei der Produktion von Low-Cost-Fahrzeugen für ärmere Länder – die Gewinnmargen niedriger, sodass es für etablierte Lieferanten unattraktiv erscheinen könnte, ihren Kunden in diese Märkte zu folgen. Durch die gemeinsame Nutzung von Plattformen durch mehrere Unternehmen (bspw. VW Touareg und Porsche Cayenne) können neue Modelle mit geringerem Aufwand erstellt werden, was den entsprechenden Trend begünstigt. Auch die Individualisierung der Fahrzeuge kann durch eine verstärkte Kooperation – vor allem mit Zulieferern – leichter bewerkstelligt werden, da Komplexität auf die vorgelagerten Partner in der Wertschöpfungskette übertragen werden kann (vgl. Pil und Holweg 2004, S. 400).

3.2.1.10 Zusammenfassung

Abbildung 3.1 zeigt abschließend die Einflüsse der jeweiligen Entwicklungslinien (in den Zeilen aufgeführt) auf die acht anderen (in den Spalten stehend). Ein „+" bedeutet dabei einen verstärkenden Effekt, ein „−" analog einen abschwächenden und bei „+/−" sind sowohl in die eine, als auch in die andere Richtung Tendenzen

	Globalisierung	Kundenorientierung	Kostendruck	Umweltorientierung	Innovation/Elektronik	Neue Wachstumsmärkte	Modellvielfalt	Ausstattung	Neue Wertschöpfungsketten
Globalisierung		+/-	+	-	-	+	0	-	+
Kundenorientierung	-		+	+	+	0	+	+	+
Kostendruck	+	-		+/-	-	+	-	-	+
Umweltorientierung	-	-	+		+/-	+	+	-	+
Innovation/Elektronik	+	-	+/-	+/-		0	0	+	+/-
Neue Wachstumsmärkte	-	-	+	+	-		+	-	+
Modellvielfalt	+	+	+	+	+	0		+	+
Ausstattung	0	-	+	+	+	-	0		+
Neue Wertschöpfungsketten	+/-	+	-	+/-	+/-	-	+	+	

Abb. 3.1 Auswirkungen der Trends (Zeilen) auf andere Trends (Spalten). (Quelle: Mit Änderungen aus Göpfert et al. 2013, S. 19)

erkennbar. Bei einer „0“ wird keine größere Wirkung erwartet. Es wird dabei die Perspektive deutscher Hersteller angenommen.

3.2.2 Trendszenario

Auf Basis der beschriebenen Trends und der zugehörigen Vernetzungsanalyse soll nun ein Trendszenario erstellt werden. Für eine Betrachtung alternativer Szenarien sowie möglicher Trendbruchereignisse („Wildcards“) siehe (Schulz 2014, S. 196–203).

Globalisierung	Durch die zahlreichen Freihandelsabkommen werden sich die weltweiten Qualitäts-, Sicherheits- und Umweltstandards aneinander angleichen. Die Kooperationen zwischen den Herstellern (auch in Form von Joint Ventures) erleichtern es dabei neuen Marktteilnehmern, zu diesem Niveau aufzuschließen
Kundenorientierung	Bei Annäherung in den o. g. Bereichen benötigen die Hersteller neue Differenzierungsmöglichkeiten. Hier bieten sich bspw. Markenimage, Bedienbarkeit von Sonderausstattung, Zusatzservices (z. B. Finanzierung) und die Fähigkeit der Angebote, sich wechselnden Bedürfnissen der Kunden anzupassen
Kostendruck	Aufgrund von Lohnkostenvorteilen ausländischer Unternehmen werden deutsche OEM deutlich teurer anbieten als viele Konkurrenten. Diese werden sich daher auch in den unteren Segmenten vor allem durch hochwertige und vor allem sehr innovative Produkte und Services etablieren müssen. Die Kostenbetrachtung erfolgt dabei mehr und mehr lebenszyklusorientiert
Umweltaspekte	In diesem Zusammenhang können die vergleichsweise hohen Anschaffungskosten von Automobilen mit elektrifiziertem Antriebsstrang durch sog. Betreibermodelle umgelegt werden (vgl. Schulz 2014, S. 181). Ab dem Break-Even-Point für Elektroautos in den Jahren 2020–2025 (vgl. Wallentowitz et al. 2010, S. 133) können OEM durch entsprechende Finanzierungsangebote verstärkt solche Fahrzeuge absetzen. Dabei ist es jedoch wichtig, eine positive Umweltbilanz über den gesamten Lebenszyklus, d. h. einschließlich der Produkterstellung, vorzuweisen, sodass auch die Logistik besonders ökologieorientiert arbeiten muss
Innovationsdruck	Um die Technologieführerschaft halten zu können, bauen die OEM dabei verstärkt Softwarekompetenzen auf. Wichtig ist ein geeignetes Versionsmanagement, damit im Ersatzteilwesen keine Kompatibilitätsprobleme beim Einbau neuester Komponenten in Fahrzeuge mit älterem Softwarestand auftreten

Wachstumsmärkte	Zu Beginn der 2020er Jahr werden andere Länder ein hohes Wirtschaftswachstum besitzen als die heutigen. Der Anstieg der Einwohnerzahlen in den jetzigen wird sich abschwächen, die Bedeutung bleibt jedoch aufgrund der hohen Bevölkerungszahlen erhalten. Wichtig ist hierbei, dass die jeweiligen Regierungen die nötigen Rahmenbedingungen schaffen, bspw. eine bedarfsgerechte Infrastruktur
Modellvielfalt	Die Modellvielfalt wird global bereitgestellt, indem viel mehr Modelle anders als bisher nicht zentral, sondern dezentral gefertigt und lokalindividuell angepasst werden (bspw. Radstand, Ausstattung). Die verbleibenden sollen über den Produktionsverbund beschafft werden
Individualisierung	Die Individualisierbarkeit wird daher zunehmen und um komplett kundenspezifische Bauteile wie spezielle Schriftzüge der Farbtöne ergänzt werden (u. a. bieten Rapid-Prototyping-Anlagen hier entsprechende Möglichkeiten)
Wertschöpfungsketten	Die Hersteller werden alle Aktivitäten, die im o. g. Sinne aufgrund des allgemein hohen Niveaus keine nennenswerte Differenzierung ermöglichen, an ihre engsten Partner – große, international tätige Entwicklungslieferanten – abgeben. Dabei sind auch klassische Kernkompetenzen wie Motor- und Karosseriebau, Lackiererei und Presswerk Gegenstand ergebnisoffener Make-or-Buy-Analysen. Die Automobilhersteller werden sich vor allem auf die Koordination der komplexen Supply Chain konzentrieren und ihre Profitabilität durch das Angebot von Zusatzservices und den Aufbau neuer Werschöpfungsmodelle erhalten und erhöhen (bspw. Car Sharing, mobilitätsbezogene Finanzdienstleistungen). Die Elektromobilität ermöglicht dabei zusätzliche Geschäftsfelder wie den Batterieverleih

All diese Neuerungen müssen in der Produktentwicklung vorbereitet werden. Die Querschnittsfunktion Logistik als verantwortlicher Bereich für die Waren-, Finanz-, Informations- und Personenflüsse hat dabei eine Schlüsselrolle als Impulsgeber und Koordinator inne.

4 Produktentstehung in der Automobilindustrie 2025

Die wichtigsten Veränderungen, denen die Logistik der obigen Ausführungen zufolge im nächsten Jahrzehnt begegnen wird, sind die folgenden:

1. Das Entwickeln neuer Geschäftsmodelle, da die klassischen Kernkompetenzen an Bedeutung verlieren, die finanzielle Belastung bei der Anschaffung hochpreisiger Modelle für den Kunden reduziert und neue Möglichkeiten der Wertschöpfung und der Differenzierung gefunden werden müssen. Dazu gehören auch moderne Marketing- und Vertriebskonzepte
2. Das Variantenmanagement, da zusätzliche Modelle, Ausstattungsmerkmale und lokalindividuelle Anpassungen in bestehende Leistungssysteme integriert werden müssen
3. Die Umweltorientierung, um die Ökobilanzen der Fahrzeuge ganzheitlich zu optimieren, ohne die Kostensituation und den Kundennutzen zu verschlechtern
4. Die Erhöhung der Veränderungsfähigkeit, um zur Steigerung des Logistikservices und des Produktangebots mehr Fahrzeuge an den lokalen Standorten/auf einer Linie zu fertigen, neue Technologien effizient zu integrieren und auf Absatzschwankungen schnell reagieren zu können

Im Folgenden soll nun gezeigt werden, welche Änderungen am bestehenden Produktentstehungsprozess erforderlich sind, um die Vorbereitung der Logistik auf diese Aufgaben im Rahmen der konstruktionssynchronen Entwicklung der Systeme effektiv vorzubereiten.

M. D. Schulz, *Der Produktentstehungsprozess in der Automobilindustrie*, essentials,
DOI 10.1007/978-3-658-06464-8_4, © Springer Fachmedien Wiesbaden 2014

4.1 Entwickeln neuer Geschäftsmodelle

Zur Entwicklung neuer Geschäftsmodelle sollten die bestehenden Aktivitäten zur Gestaltung der Ausführungssysteme während der Produktentwicklung adaptiert werden, da die Hersteller hier bereits Erfahrungen besitzen. So sollte aufgrund der hohen Bedeutung für die strategische Ausrichtung des Unternehmens auch in diesem Bereich der Anstoß zu einer Neuentwicklung aus dem Top-Management stammen. Ggf. ist die Ausgründung einer eigenen Gesellschaft sinnvoll, die dann ihrerseits spezialisierte Logistiker für den PEP der zukünftigen Fahrzeuge stellen kann, die sich in ihrer Expertise von denen der Fachabteilungen unterscheiden (bspw. stärkerer Fokus auf Verkehrslogistik, weniger Automatisierungstechnik etc.). Während eine reguläre Erweiterung des Angebotsportfolios vor allem von Marketing und Vertrieb ausgeht, sollte die Logistik stärker bei der Impulsgebung zur Entwicklung eines neuen Geschäftsmodells vertreten sein. Erfahrungen liegen hier bereits im Bereich der Ersatzteilversorgung vor.

In der Zieldefinition ist die Bedeutung des Scoutings auch bei der Entwicklung neuer Geschäftsmodelle hoch. Allerdings sollte sich die Untersuchung nicht nur auf bestehende, sondern vor allem auch auf neue Wettbewerber konzentrieren, bspw. Autovermietungen beim CarSharing. Rein produktionsbezogene Entscheidungen wie die Standortwahl oder das Festlegen der Fertigungstiefe sind nur dann relevant für die Entwicklung neuer Geschäftsmodelle, wenn ein Fahrzeug passend zum Geschäftsmodell entwickelt werden soll und so bspw. eine Fabrik in der Nähe wichtiger Modellregionen ausgewählt werden könnte. Mit Blick auf die Produktstruktur ist besonders die Schnittstellendefinition zu Standardkomponenten wie dem Abrechnungssystem beim CarSharing von Interesse.

Im Rahmen der Konzeptentwicklung sollten alle neuen und bestehenden Geschäftsmodelle integriert betrachtet werden, um Synergien im Zusammenspiel nutzen zu können (bspw. passende Finanzierung eines Erstwagens und Leasingangebote für gelegentlich zu nutzende Nischenfahrzeuge). Hier ist auch die Expertise der Zulieferer aktiv und frühzeitig zu berücksichtigen.

Die Ausgestaltung der Strukturen erfolgt in der Serienentwicklung analog zur Prozessplanung für die Herstellung. Auch hier spielen Ausplanung, Test und ggf. computergestützte Simulation eine große Rolle, ebenso die Beschaffung der nötigen Infrastrukturelemente wie spezieller Tankstellen.

Im Serienanlauf werden letzte Schulungs- und Kommunikationsaktivitäten durchgeführt. Anpassungen an der Infrastruktur sind aufgrund der hohen Kosten nach Möglichkeit zu vermeiden. Häufig werden neue Geschäftsmodelle in ausgewählten Regionen getestet, bspw. im Falle Daimlers „Car2Go“ in Ulm und Hamburg.

4.2 Variantenmanagement

Das Variantenmanagement ist bereits in den bestehenden Prozessen verankert (vgl. Schömann 2012, S. 212–214). Es gilt daher vornehmlich, die in Kap. 2.3 genannten Herausforderungen zu bewältigen. Dabei sollte jede Abteilung die Auswirkungen der Variantenvielfalt selbst bewerten und auf Basis ihrer Erfahrungen Verbesserungsvorschläge unterbreiten (vgl. Schulz 2014, S. 248). Es kann jedoch bereits vor Beginn des PEP mit der Arbeit begonnen werden, bspw. in den Feldern:

- Entwicklung von Konzepten wie Plattformen, Baukästen etc.
- Sammeln der Anforderungen an die ausführenden Systeme und die Produktentwicklung
- Erstellen von Logistikkonzepten zur Beherrschung der Variantenvielfalt

In der Zieldefinition erfolgt dann die Variantenplanung, d. h. die Analyse, Visualisierung und Grobbewertung der wesentlichen Variantentreiber (vgl. Klug 2010, S. 53). Hier ist das Scouting von entscheidender Bedeutung, da dabei sehr gut aktuelle Probleme aufgedeckt und bewertet werden können. Bei der Standortwahl sollte die Variantenflexibilität der Produktionsstätte beurteilt werden sowie die Ähnlichkeit des neuen Modells zu den aktuell dort gefertigten (siehe auch Abschn. 3.1.7). Die Produktstruktur ist so zu gestalten, dass das Ausgliedern neuer Modelle erleichtert wird (vgl. u. a. Wildemann 1994, S. 372–397). Die Fertigungstiefe erlaubt das Aufteilen der komplexitätsbedingten Belastung auf die Wertschöpfungspartner entsprechen deren Möglichkeiten. Dies sollte in enger Abstimmung mit den Entwicklungslieferanten erfolgen.

Im Rahmen der Konzeptentwicklung wird die Variantengestaltung durchgeführt (vgl. Klug 2010, S. 53). Dabei wird in Verhandlungen zwischen den Fachabteilungen die Zielvarianz der wichtigsten Umfänge festgelegt, wobei auch die Leistungsfähigkeit der Logistik und nicht nur die Kosten berücksichtigt werden sollten. Zusätzlich sind für die Logistik insbesondere die spezifischen Investitionen in den Standort von Bedeutung, die ein Beherrschen der Variantenvielfalt erlauben (vgl. Göpfert und Schulz 2012a). Dabei sollten nicht nur aktuelle, sondern auch zukünftige Produkte berücksichtigt werden (vgl. Göpfert und Schulz 2010, S. 47).

In der Serienentwicklung wird das Variantencontrolling durchgeführt, bei dem die Vorgaben kontrolliert und eventuelle Änderungen verfolgt und bewertet werden (vgl. Klug 2010, S. 53–55). Im Serienanlauf muss insbesondere die fehlerfreie Versorgung mit Teilen gesichert sein, was ein entsprechendes Versionsmanagement erfordert.

4.3 Umweltorientierung in der Logistik

Für die Umweltorientierung soll sich hier an Best-Practices orientiert werden. Als Beispiel dient hier der Produktentstehungsprozess von Volkswagen (siehe Abb. 4.1), da der Hersteller 1996 als erster ein Umweltmanagementsystem in die technische Entwicklung integrierte und seitdem zahlreiche Preise dafür gewann (vgl. Volkswagen 2011, S. 19).

Bei Volkswagen wurde ein spezieller Bereich Umwelt geschaffen, der der Konzernforschung zugeordnet und eng mit vielen anderen Abteilungen vernetzt ist, um frühzeitig Informationen über neue Entwicklungen zu erhalten. Auf diese Weise werden bereits vor Projektstart eine umfassende Technologiebewertung, eine Prognose der zukünftigen Gesetzgebung und darauf abgestimmte Innovationsroadmaps erstellt. Für den PEP wird dann ein sog. Umweltpate bestimmt, der für den Projektleiter als erster Ansprechpartner in ökologischen Fragestellungen zur Verfügung steht.

In der Zieldefinition werden die Anforderungen des Bereichs ermittelt und kommuniziert, bspw. bestimmte Kennzahlen oder wünschenswerte Neuerungen

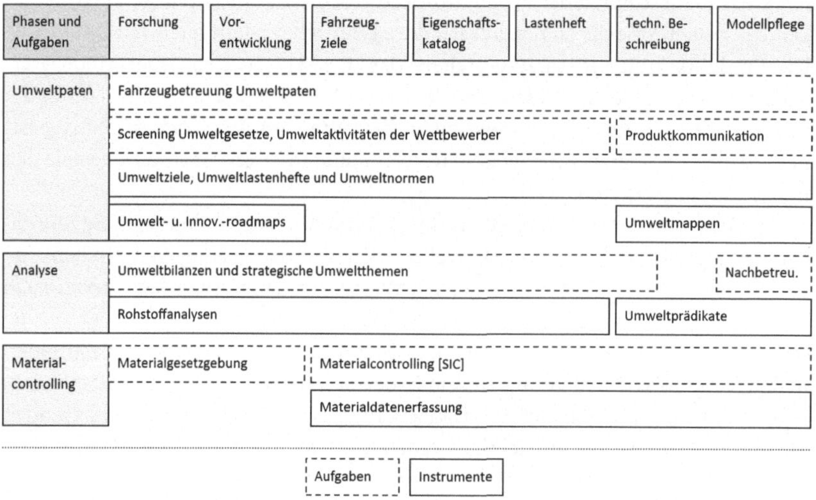

Phasen und Aufgaben
Forschung
Vor-entwicklung
Fahrzeug-ziele
Eigenschafts-katalog
Lastenheft
Techn. Be-schreibung
Modellpflege
Umweltpaten
Fahrzeugbetreuung Umweltpaten
Screening Umweltgesetze, Umweltaktivitäten der Wettbewerber
Produktkommunikation
Umweltziele, Umweltlastenhefte und Umweltnormen
Umwelt- u. Innov.-roadmaps
Umweltmappen
Analyse
Umweltbilanzen und strategische Umweltthemen
Nachbetreu.
Rohstoffanalysen
Umweltprädikate
Material-controlling
Materialgesetzgebung
Materialcontrolling [SIC]
Materialdatenerfassung
Aufgaben
Instrumente

Abb. 4.1 Die Integration des Bereichs Umwelt in den PEP bei Volkswagen. (Quelle: Volkswagen 2011, S. 12)

gegenüber früheren Produkten. Die Standortwahl ist aus ökologischer Sicht vor allem dann von Bedeutung, wenn neue Fabriken gebaut werden.

In der Konzeptentwicklung gilt es, diese Erfordernisse umzusetzen, was allerdings zunehmend schwerer fällt, je größer die Teile der Wertschöpfung sind, die von externen Partnern erbracht werden. Hier müssen Wege gefunden werden, die ökologischen Auswirkungen entlang der Supply Chain zu erfassen und zu steuern, bspw. über Früherkennungs- oder Bewertungssysteme.

In der Serienentwicklung werden – analog zu den bisherigen Ausführungen – die Ziele kontrolliert und Abweichungen bewertet. Die Dokumentation erfolgt in sog. Umweltmappen und Umweltprädikaten, wobei letztere auch der Kommunikation nach außen dienen.

Im Serienanlauf ergeben sich durch die Verfügbarkeit von Vorserienfahrzeugen zusätzliche Möglichkeiten der Bewerbung des Produkts, bspw. durch Testfahrten mit Journalisten. Zudem beginnt ab dem SOP die Nachbetreuung des Fahrzeugs, die bspw. die Bewertung von Änderungen wie das Einbringen neuer Komponenten/Technologien einschließt.

4.4 Erhöhung der Veränderungsfähigkeit

Für die Erhöhung der Veränderungsfähigkeit sollen die einzelnen Aktivitäten und Meilensteine auf ihren Einfluss und die damit verbundenen Gestaltungsmöglichkeiten untersucht werden. Man unterscheidet dabei zwischen Flexibilität, also dem Ausmaß der kurzfristigen Veränderungsfähigkeit innerhalb eines definierten Korridors, und Wandlungsfähigkeit, d. h. einer dauerhaften Anpassung der Leistungssysteme über diesen Spielraum hinweg (vgl. u. a. Reithofer 2007, S. 843). Nach Kuhn et al. sind die wichtigsten Gegenstände der Veränderung dabei die auszubringende Stückzahl, die möglichen Varianten und die zu integrierenden Technologien (siehe Abb. 4.2).

	Stückzahl	Varianten	Technologien
Flexibilität	Auftragsschwankungen	Produktionsmix	Verbessertes Schweißverfahren
Wandlungsfähigkeit	Wirtschaftskrise	Modellanlauf	Elektrifizierung des Antriebsstranges

Abb. 4.2 Beispiele für Veränderungsfähigkeit. (Quelle: Eigene Darstellung)

Wichtig ist dabei, dass die Veränderungsfähigkeit bereichsübergreifend gestaltet wird, damit nicht bspw. an einer Stelle kostenintensive Überkapazitäten vorgehalten werden, während eine vor- oder nachgelagerte Stufe zum Engpass wird. Es ist sinnvoll, dem Projektteam bereits mit dem Entwicklungsauftrag die bekannten Anforderungen mitzuteilen, bspw. geplante, spätere Anläufe ähnlicher Modelle, sodass dies im obigen Sinne bereits vorbereitet werden kann. Dies muss natürlich im Entwicklungsbudget berücksichtigt werden (vgl. Schulz 2014, S. 249–252).

Die Machbarkeitsstudie, die in der Zieldefinition durchgeführt wird, erlaubt eine weitere Informationsgewinnung zum Ausmaß der benötigten Veränderungsfähigkeit, da dem erstellten Business Case gewisse Annahmen über die entstehenden Unsicherheiten zu Grunde liegen. Die erwarteten Schwankungen können dann bei der Standortwahl berücksichtigt werden, damit die Flexibilität der Produktionsstätte den Anforderungen entspricht.

Im Rahmen der Ausgestaltung der Systeme in der Konzept- und Serienentwicklung sind – wie oben beschrieben – die Investitionsplanung und die Auswahl der Logistikkonzepte an das ermittelte Maß an Veränderungsfähigkeit anzupassen. Den Zulieferern sollten die Erwartungen des Abnehmers entsprechend kommuniziert werden und die Übernahme der Mehrkosten verhandelt werden. Geeignete Produktstrukturen helfen dabei, das benötigte Ausmaß der Veränderungsfähigkeit in den ausführenden Systemen zu reduzieren. Wichtig ist in jedem Falle eine kontinuierliche Überprüfung der Prämissen.

Im Rahmen des Serienanlaufs macht sich die gewonnene Flexibilität bereits bemerkbar, sodass dieser eine gute Möglichkeit zu einer Zielkontrolle darstellt. Während der produktspezifischen Schulung der Mitarbeiter können entsprechende Kenntnisse vermittelt werden, um auch in der eher operativen Phase des Serienanlaufs noch Einfluss auf die Veränderungsfähigkeit nehmen zu können.

5 Fazit

Die Integration der Logistik in den Produktentstehungsprozess der Fahrzeughersteller begann etwa im Jahr 2000. Seitdem wurden viele der ursprünglichen Herausforderungen bewältigt, doch noch immer gibt es ungelöste Aufgaben. Durch Veränderungen im Wirtschaftsumfeld der Produzenten werden zudem in den nächsten zehn Jahren Anpassungen erforderlich, um die zukünftige Wettbewerbsfähigkeit der Prozesse und Organisationen zu erhalten. In dieser Arbeit wurden die bestehenden Vorgänge auf Schwachstellen untersucht und am Beispiel eines Trendszenarios Vorschläge zur schrittweisen Umgestaltung des Referenzmodells erarbeitet.

Hersteller und Zulieferer können auf dieser Basis Rückschlüsse für ihre eigenen Prozesse ziehen, aber auch branchenfremde Unternehmen, bspw. aus dem Maschinen- oder Flugzeugbau, können die gewonnenen Erkenntnisse nutzen, um zukünftige Herausforderungen in der Logistik zu identifizieren und frühzeitig an der Lösung künftiger Probleme zu arbeiten.

Eine erneute Durchführung der Untersuchung aus der Perspektive der Technischen Entwicklung sowie eine Wiederholung in regelmäßigem Abstand helfen dabei, erforderliche Anpassungen zu identifizieren und die Umsetzung zu erleichtern. Für eine ausführlichere Betrachtung sei abschließend erneut auf das Hauptwerk (Schulz 2014) verwiesen.

M. D. Schulz, *Der Produktentstehungsprozess in der Automobilindustrie*, essentials,
DOI 10.1007/978-3-658-06464-8_5, © Springer Fachmedien Wiesbaden 2014

Was Sie aus diesem Essential mitnehmen können

- Branchenspezifische Fallbeispiele aus den Bereichen Logistik und Produktentwicklung
- Durchführungsbeispiel für eine trendbasierte Szenarioerstellung
- Gestaltungsempfehlungen für Produktentstehungsprozesse

M. D. Schulz, *Der Produktentstehungsprozess in der Automobilindustrie*, essentials,
DOI 10.1007/978-3-658-06464-8, © Springer Fachmedien Wiesbaden 2014

Literatur

Adolphs, B.: Stabile und effiziente Geschäftsbeziehungen – Eine Betrachtung von vertikalen Kooperationsstrukturen in der deutschen Automobilindustrie. zugl.: Münster, Univ., Diss., 1996; Lohmar (1997)

Arndt, H.: Supply Chain Management – Optimierung logistischer Prozesse, 4., aktualisierte und überarbeitete Auflage. Wiesbaden (2008)

Baum, H., Delfmann, W.: Strategische Handlungsoptionen der deutschen Automobilindustrie in der Wirtschaftskrise. Köln (2010)

Becker, H.: Darwins Gesetz in der Automobilindustrie – Warum deutsche Hersteller zu den Gewinnern zählen. Berlin 2007. (2010)

Beetz, R., Grimm, A., Eickmeyer, T.: Die Strategie der Integrierten Wertschöpfungskette zur Anlaufsteuerung bei der Vorserienlogistik der AUDI AG. In: Schuh, G., Stölzle, W., Straube, F. (Hrsg.) Anlaufmanagement in der Automobilindustrie erfolgreich umsetzen – Ein Leitfaden für die Praxis, S. 31–42. Berlin (2008)

Bohne, F.: Komplexitätskostenmanagement in der Automobilindustrie – Identifizierung und Gestaltung varianteninduzierter Kosten. zugl.: Augsburg, Univ., Diss., 1998; Wiesbaden (1998)

Borgeest, K.: Elektronik in der Fahrzeugtechnik – Hardware, Software, Systeme und Projektmanagement, 2., überarbeitete und erweiterte Auflage. Wiesbaden (2010)

Braun, D.: Von welchen Supply-Chain-Maßnahmen profitieren Automobilzulieferer? zugl.: Marburg, Univ., Diss., 2011; Wiesbaden (2012)

Burschel, C., Losen, D., Wiendl, A.: Betriebswirtschaftslehre der Nachhaltigen Unternehmung. München (2004)

Canzler, W.: Mobilitätskonzepte der Zukunft und Elektromobilität. In: Hüttl, R.F., Pischetsrieder, B., Spath, D. (Hrsg.) Elektromobilität – Potenziale und wissenschaftlich-technische Herausforderungen, S. 39–61. Berlin (2010)

Christopher, M.: Logistics & Supply Chain Management, 4. Aufl. Harlow (2011)

Ehrlenspiel, K., Kiewert, A., Lindemann, U.: Kostengünstig entwickeln und konstruieren – Kostenmanagement bei der integrierten Produktentwicklung, 6., überarbeitete und korrigierte Auflage. Berlin (2007)

Forster, C.-P.: Opel – Frisches Denken für bessere Autos – Mehr als nur ein Werbe-Slogan. In: Gottschalk, B., Kalmbach, R., Dannenberg, J. (Hrsg.) Markenmanagement in der Au-

M. D. Schulz, *Der Produktentstehungsprozess in der Automobilindustrie*, essentials,
DOI 10.1007/978-3-658-06464-8,

tomobilindustrie – Die Erfolgsstrategien internationaler Top-Manager, 2., überarbeitete Auflage, S. 305–332. Wiesbaden (2005)

García Sanz, F.J.: Ganzheitliche Beschaffungsstrategie als Gestaltungsrahmen der globalen Netzwerkintegration in der Automobilindustrie. In: Garcia Sanz, F.J., Semmler, K., Walther, J. (Hrsg.) Die Automobilindustrie auf dem Weg zur globalen Netzwerkkompetenz – Effiziente und flexible Supply Chains erfolgreich gestalten, S. 3–23. Berlin (2007)

Göpfert, I.: Zukunftsforschung. In: Göpfert, I. (Hrsg.) Logistik der Zukunft – Logistics for the Future, 6., aktualisierte und erweiterte Auflage, S. 1–37. Wiesbaden (2012)

Göpfert, I., Grünert, M.: Collaborative Controlling in der Automobilindustrie. Controll.: Z. erfolgsorientierte Unternehmenssteuerung **2008**(4–5), 211–218 (2008)

Göpfert, I., Schulz, M.D.: Future integrated product and logistics development using the example of the German car industry. In: Blecker, T., Pero, M., Sianesi, A. (Hrsg.) German-Italian conference on the interdependencies between new product development and supply chain management, S. 39–50. Hamburg (2010)

Göpfert, I., Schulz, M.D.: Supply chain design during the early stages of the automotive development process. In: Blecker, T., Pero, M., Sianesi, A. (Hrsg.) Proceedings of the 2nd conference on the interdependencies between new product development and supply chain management (GIC-PRODESC 2011), S. 5–12. Mailand (2011)

Göpfert, I., Schulz, M.D.: Variantenmanagement in der Automobilindustrie – Konzepte und Best-Practices. Product. Manage. **17**(1), 59–61 (2012a)

Göpfert, I., Schulz, M.D.: Zukünftige Neuprodukt- und Logistikentwicklung am Beispiel der Automobilindustrie. In: Göpfert, I. (Hrsg.) Logistik der Zukunft – Logistics for the Future, 6., aktualisierte und erweiterte Auflage, S. 235–257. Wiesbaden (2012b)

Göpfert, I., Schulz, M.D.: The incorporation of environmental aspects into integrated product development from a supply chain perspective – a case study from the automotive industry. In: Blecker, T., Sianesi, A., Grussenmeyer, R., Pero, M. (Hrsg.) Proceedings GIC-PRODESC 2012 – German-Italian conference on the interdependencies between new product development and supply chain management, S. 21–28. Hamburg (2012c)

Göpfert, I., Schulz, M.D.: Logistics integrated product development in the German automotive industry – current state, trends and challenges. In: Kreowski, H.-J., Scholz-Reiter, B., Thoben, K.-D. (Hrsg.) Dynamics in logistics – third international conference, LDIC 2012, Bremen, Germany, March 2012, Proceedings; Berlin/Heidelberg 2013; im Erscheinen (2013a)

Göpfert, I., Schulz, M.D.: Supply chain design during the product emergence process – the example of the German car industry. Int. J. Eng. Sci. Technol. (2013b). (im Erscheinen)

Göpfert, I., Schulz, M.D.: Strategien des Variantenmanagements als Bestandteil einer logistikgerechten Produktentwicklung – Eine Untersuchung am Beispiel der Automobilindustrie. In: Göpfert, I., Braun, D., Schulz, M.D. (Hrsg.) Automobillogistik – Stand und Zukunftstrends, 2., überarbeitete und erweiterte Auflage, S. 193–205. Wiesbaden (2013c)

Göpfert, I., Wehberg, G.: Ökologieorientiertes Logistik-Marketing – Konzeptionelle und empirische Fundierung ökologieorientierter Angebotsstrategien von Logistik-Dienstleistungsunternehmen. Stuttgart (1995)

Göpfert, I., Schulz, M.D., Wellbrock, W.: Trends in der Automobillogistik. In: Göpfert, I., Braun, D., Schulz, M.D. (Hrsg.) Automobillogistik – Stand und Zukunftstrends, 2., überarbeitete und erweiterte Auflage, S. 1–26. Wiesbaden (2013)

Götz, A.: Zukunftsstandort Deutschland? Automobil-Produktion **20**(2), 16–19 (2007)
Hab, G., Wagner, R.: Projektmanagement in der Automobilindustrie – Effizientes Management von Fahrzeugprojekten entlang der Wertschöpfungskette, 3., überarbeitete und erweiterte Auflage. Wiesbaden (2010)
Hackenberg, U.: Simultaneous Engineering und Projektmanagement im Produktentstehungsprozess. In: Braess, H.-H., Seiffert, U. (Hrsg.) Vieweg Handbuch Kraftfahrzeugtechnik, 5., überarbeitete und erweiterte Auflage, S. 790–805. Wiesbaden (2007)
Holweg, M.: The evolution of competition in the automotive industry. In: Parry, G., Graves, A. (Hrsg.) Build to order – the road to the 5-day car, S. 13–34. London (2008)
Ihme, J.: Logistik im Automobilbau – Logistikkomponenten und Logistiksysteme im Fahrzeugbau. München (2006)
Klug, F.: Logistikmanagement in der Automobilindustrie – Grundlagen der Logistik im Automobilbau. Berlin (2010)
Kluge, J., Abele, E.: HAWK 2015 – Herausforderung automobile Wertschöpfungskette, 2. Aufl. Berlin (2004)
Krog, E.-H., Statkevich, K.: Kundenorientierung und Integrationsfunktion der Logistik in der Supply Chain der Automobilindustrie. In: Baumgarten, H. (Hrsg.) Das Beste der Logistik – Innovationen, Strategien, Umsetzungen, S. 185–195. Berlin (2008)
Krüger, M.: Grundlagen der Kraftfahrzeugelektronik – Schaltungstechnik, 2., neu bearbeitete Auflage. München (2008)
Krystek, U., Herzhoff, M.: Szenario-Technik und Frühaufklärung – Anwendungsstand und Integrationspotenzial. ZfCM – Control. Manage. **50**(5), 305–310 (2006)
MacDuffie, J.P., Sethuraman, K., Fisher, M.L.: Product variety and manufacturing performance – evidence from the international automotive assembly plant study. Manage. Sci. **42**(3), 350–369 (1996)
Miemczyk, J., Holweg, M.: Building cars to customer order – what does it mean for inbound logistics operations? J. Bus. Logist. **25**(2), 171–197 (2004)
Op de Beeck, J., Thompson, J., Booth, N.: Upcoming emission regulations for passenger cars: impact on SCR system requirements and developments. SAE Paper; 2013-01-1072 (2013)
Pfohl, H.-C., Gareis, K.: Die Rolle der Logistik in der Anlaufphase. ZfB – Z. Betriebswirtschaft **70**(11), 1189–1214 (2000)
Pil, F.K., Holweg, M.: Linking product variety to order-fulfillment-strategies. Interfaces **34**(5), 394–403 (2004)
Piller, F.T.: Mass Customization – Ein wettbewerbsstrategisches Konzept im Informationszeitalter, 4., überarbeitete und erweiterte Auflage. Wiesbaden (2006)
Radtke, P., Abele, E., Zielke, A.E.: Die smarte Revolution in der Automobilindustrie – Das Auto der Zukunft, Optionen für Hersteller, Chancen für Zulieferer. Frankfurt (2004)
Rainey, D.L.: Product Innovation – leading change through integrated product development. Cambridge (2005)
Reithofer, N.: Nachhaltige Wettbewerbsfähigkeit von Produktionsnetzwerken durch Innovation, Wandlungsfähigkeit und Wertschöpfungsgestaltung. In: Hausladen, I. (Hrsg.) Management am Puls der Zeit – Strategien, Konzepte und Methoden, S. 831–849. München (2007)

Schömann, S.O.: Produktentwicklung in der Automobilindustrie – Managementkonzepte vor dem Hintergrund gewandelter Herausforderungen. zugl.: Eichstätt-Ingolstadt, Univ., Diss., 2011; Wiesbaden (2012)

Schulz, M.D.: Logistikintegrierte Produktentwicklung – Eine zukunftsorientierte Analyse am Beispiel der Automobilindustrie. zugl. Marburg, Universität, Diss. 2013; Wiesbaden (2014)

Schulz, R., Hesse, F.: Das Produktionsnetzwerk des VW-Konzerns und die Versorgung der Überseewerke. In: Göpfert, I. (Hrsg.) Logistik der Zukunft – Logistics for the Future, 6., aktualisierte und erweiterte Auflage, S. 213–233. Wiesbaden (2012)

Seeck, S.: Erfolgsfaktor Logistik – Klassische Fehler erkennen und vermeiden. Wiesbaden (2010)

Stahl, M., Seidel, M.: Empathic Design in der BMW Group – Kundenintegration im Produktentstehungsprozess. In: Albers, S., Gassmann, O. (Hrsg.) Handbuch Technologie- und Innovationsmanagement – Strategie, Umsetzung, Controlling, S. 781–798. Wiesbaden (2005)

VDA: Auto Jahresbericht 2007. Frankfurt a. M. (2007)

Volkswagen: Rückblick nach vorn – 15 Jahre zertifiziertes Umweltmanagement in der Technischen Entwicklung bei Volkswagen. Wolfsburg (2011)

Wallentowitz, H., Freialdenhoven, A., Olschewski, I.: Strategien zur Elektrifizierung des Antriebsstranges – Technologien, Märkte und Implikationen. Wiesbaden (2010)

Wildemann, H.: Fertigungsstrategien – Reorganisationskonzepte für eine schlanke Produktion und Zulieferung, 2., neu bearbeitete Auflage. München (1994)

Wilhelm, M.: Kooperation und Wettbewerb in Automobilzuliefernetzwerken – Erkenntnisse zum Management eines Spannungsverhältnisses aus Deutschland und Japan. Marburg (2009)

Wimmer, E., Schneider, M.C., Blum, P.: Antrieb für die Zukunft – Wie VW und Toyota um die Pole Position ringen. Stuttgart (2010)

Zinn, W., Bowersox, D.J.: Planning physical distribution with the principle of postponement. J. Bus. Logist. **9**(2), 117–136 (1988)